1 小数のかけ算①

JN060763

		3
×	4	5
	1	5
1	2	
1	3.	5

1．かけ算は、位に関係な
　右はしにそろえて書きま
2．整数と同じように計算
3．小数点より右のけた数
　ように小数点をうちます。

①
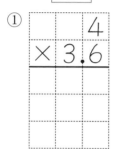

②
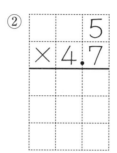

③
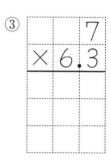

④
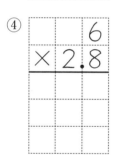

⑤

⑥

⑦

⑧
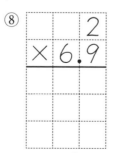

⑨

おうちの
方へ　かけ算の横式を筆算にうつしかえるとき、まちがいをおこすことが
あります。その次は、小数点のうち忘れです。

2 小数のかけ算②

点/9点

```
    4 2
  × 2 1
  ─────
    4 2
  8 4
  ─────
  8.8 2
```

1. 右はしにそろえて書きます。
2. 整数と同じように計算します。
3. 小数点より右のけた数が同じ
   になるように小数点をうちます。

①
```
    3.3
  × 2.3
  ─────
```

②
```
    1.2
  × 4.2
  ─────
```

③
```
    2.1
  × 2.4
  ─────
```

④
```
    2.2
  × 3.4
  ─────
```

⑤
```
    1.4
  × 2.2
  ─────
```

⑥
```
    1.2
  × 3.4
  ─────
```

⑦
```
    1.8
  × 4.3
  ─────
```

⑧
```
    1.7
  × 4.5
  ─────
```

⑨
```
    1.9
  × 3.5
  ─────
```

おうちの方へ 小数点以下のある数のかけ算は、いつも小数点以下が全部で何けたあるかをきちんと確認させるようにしましょう。

小数のかけ算③

① 4.7×7.9

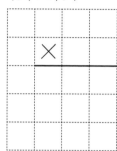

② 1.9×6.7

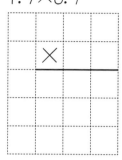

③ 6.8×9.6

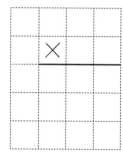

④ 2.8×8.4

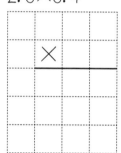

⑤ 6.9×8.9

⑥ 4.8×7.9

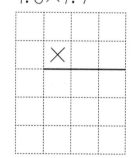

⑦ 2.6×4.8

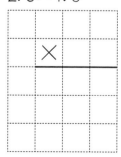

⑧ 3.4×9.6

小数点以下は
何けたかな。

小数のかけ算④

① 4.2×7.6

② 9.9×7.8

③ 5.3×9.5
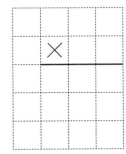

④ 9.4×9.8

⑤ 3.6×8.4

⑥ 9.8×2.7
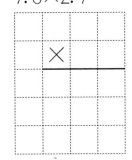

⑦ 3.3×6.4
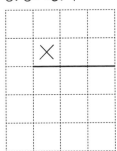

⑧ 5.7×7.2

かけ算は整数
のかけ算と同
じだね。

小数のかけ算⑤

① 7.9×7.8

② 3.8×8.9

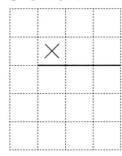

③ 1.7×7.7

④ 7.8×9.8

⑤ 1.6×9.7

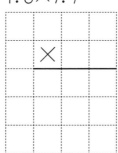

⑥ 2.7×4.9

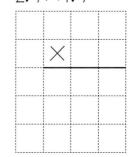

⑦ 3.9×3.8

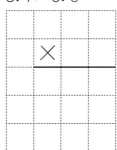

⑧ 6.7×3.6

小数のかけ算は
小数点のうち方
がポイントだね。

小数のかけ算⑥

① 5.4×7.5

小数点がある数の右
はしの0は、ななめ
線で消します。

② 2.5×6.2

③ 3.6×9.5

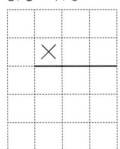

④ 5.5×4.8

⑤ 6.5×7.6

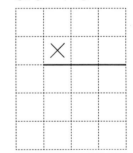

⑥ 7.5×7.4

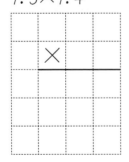

⑦ 9.2×6.5

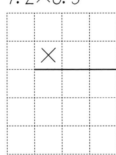

⑧ 5.8×9.5

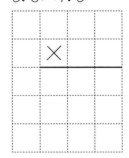

小数のかけ算⑦

① 2.5×8.4

小数がある数の右はしの0は、ななめ線で消します。
左の場合は小数点も消します。

② 7.5×4.8

③ 4.4×2.5

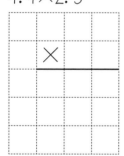

④ 7.5×2.4

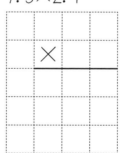

⑤ 3.6×7.5

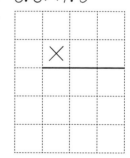

⑥ 6.8×2.5

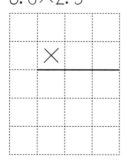

⑦ 2.5×4.8

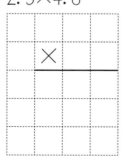

⑧ 2.5×9.2

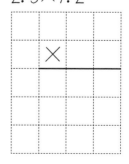

8 小数のかけ算⑧

① 2.34×2.1

```
    2.3 4
  ×   2.1
```

② 3.12×2.3

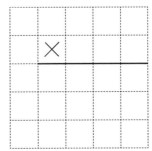

③ 5.23×1.6

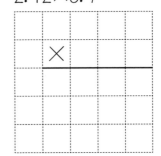

④ 2.12×3.7

⑤ 3.95×6.5

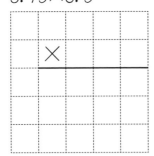

小数点以下は
何けたかな。

小数のかけ算⑨

小数点以下のけた数が２つ
になるように、０と小数点
をかきます。

① 0.8×0.6

② 0.9×0.9

③ 0.7×0.3

④ 0.2×0.3

⑤ 0.4×0.2

⑥ 0.3×0.3

⑦ 0.5×0.6

⑧ 0.4×0.5

⑨ 0.5×0.8

おうちの方へ　答えは、かけられる数より小さくなります。これをふしぎがってつまずく子どももいます。小数点のつけ方をきちんと理解させましょう。

小数のかけ算⑩

① 0.91×0.46

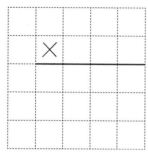

② 0.73×0.54

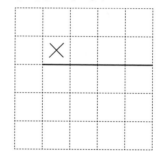

③ 0.86×0.43

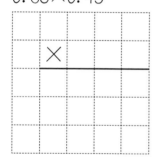

④ 0.65×0.24

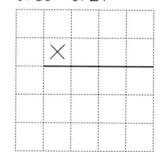

⑤ 0.88×0.25

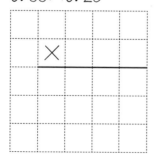

小数点以下が
4こだね。

小数のかけ算⑪

① 0.61×0.27

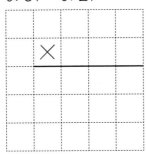

② 0.38×0.25

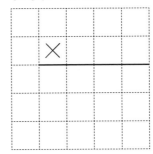

③ 7.13×8.8

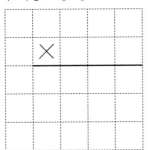

④ 5.42×8.5

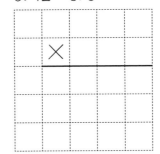

⑤ 9.84×0.69

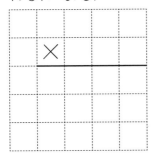

小数点の場所はいろいろです。注意してね。

① 0.35×0.27

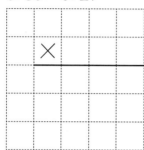

② 0.87×0.63

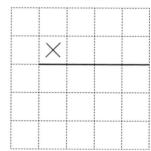

③ 3.43×4.9

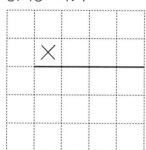

④ 9.52×7.6

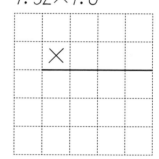

⑤ 4.63×0.74

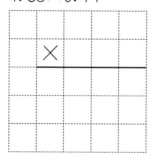

小数のかけ算は
なれましたか。

小数のわり算①

月　日

点/8点

```
        3
1.3)3.9
     3 9
        0
```

1. わる数が整数になるように小数点を移動します。
2. わる数で移動した小数点のけた数と同じだけ、わられる数の小数点を移動します。
3. 商の位置に小数点をうちます。
4. 整数のときと同じように計算します。

① 1.7)6.8

② 1.9)5.7

③ 2.4)7.2

④ 2.6)7.8

⑤ 3.2)9.6

⑥ 2.8)5.6

⑦ 3.4)6.8

⑧ 3.8)7.6

まず小数点の移動だ。

おうちの方へ　5年生で最難関の学習です。小数点の移動が重要です。

14 小数のわり算②

月　日

点/7点

① 2.2)19.8

商の小数点は左の
ところだね。

② 4.3)25.8

③ 3.2)25.6

④ 6.4)57.6

⑤ 7.4)29.6

⑥ 8.3)49.8

⑦ 9.1)63.7

15 小数のわり算③

①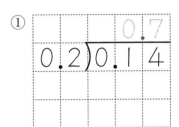

商の小数点は左の
ところだよ。

$$0.2\overline{)0.14}$$

② $$0.3\overline{)0.27}$$

③ $$0.6\overline{)0.36}$$

④ $$0.8\overline{)0.48}$$

⑤ $$0.5\overline{)0.15}$$

⑥ $$0.7\overline{)0.56}$$

⑦ $$0.9\overline{)0.72}$$

小数のわり算④

月　日

点/5点

①

$$0.3\overline{\smash{)}0.4\,8}$$ ... 1.6

商の小数点をうった
ら、ふつうのわり算
といっしょだよ。

②

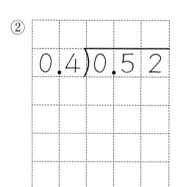

$$0.4\overline{\smash{)}0.5\,2}$$

③

$$0.7\overline{\smash{)}0.8\,4}$$

④

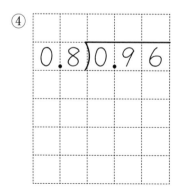

$$0.8\overline{\smash{)}0.9\,6}$$

⑤

$$0.5\overline{\smash{)}0.6\,5}$$

小数のわり算⑤

①
$$1.2 \overline{)4.92}$$
（答え：4.1）

なれてきたかな。

②
$$2.8 \overline{)5.88}$$

③
$$3.4 \overline{)8.16}$$

④
$$4.3 \overline{)9.03}$$

⑤
$$5.2 \overline{)8.32}$$

小数のわり算⑥

月　日

点/7点

わり切れるまで計算しましょう。

①
```
        0.0 8
1.5)0.1 2
```

②
```
        0.0 8
3.5)0.2 8
```

③
```
4.5)0.3 6
```

④
```
7.2)0.3 6
```

⑤
```
4.2)0.2 1
```

⑥
```
4.6)0.2 3
```

⑦
```
5.5)0.4 4
```

小数のわり算⑦

まず、小数点を移動させます。

わり切れるまで計算しましょう。

①

0.24)0.156

②

0.25)0.135

③

0.26)0.169

④

0.18)0.117

小数のわり算⑧

月　　日

点/6点

```
        5
0.3)1.6
     1 5
     0.1
```

1.6÷0.3＝5…0.1　（…は、あまりを表します）
（あまり）

あまりは、もとの小数点と同じ位置です。わられる数1.6の小数点をおろします。

① 0.5)2.8

② 0.7)2.3

③ 0.4)2.7

④ 0.2)0.9

⑤ 0.6)3.9

⑥ 0.9)8.7

おうちの方へ　あまりの小数点の位置を、移動した小数点の位置と勘ちがいする場合がありますので要注意です。

小数のわり算⑨

商を一の位まで出し、あまりも出しましょう。

① 3÷0.4

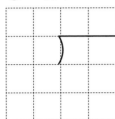

② 4÷0.6

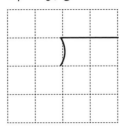

③ 2÷0.3

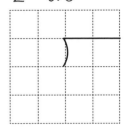

④ 5÷0.6

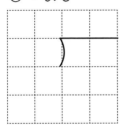

⑤ 2.5÷1.4

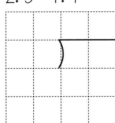

⑥ 5.8÷2.6

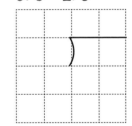

⑦ 43.7÷1.8

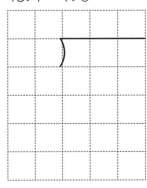

⑧ 17.3÷0.3

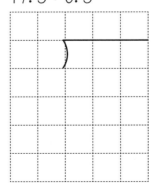

小数のわり算⑩

わり切れるまで計算しましょう。

①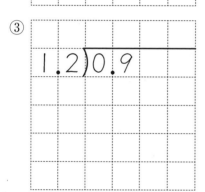

6.4)4.8

②

2.5)2.3

③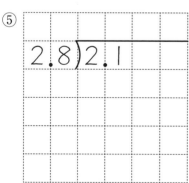

1.2)0.9

④

2.4)1.8

⑤

2.8)2.1

わり切れるまで
できましたか。

小数のわり算⑪

わり切れるまで計算しましょう。

① 5.6) 9.8

② 5.2) 6.5

③ 3.6) 4.5

④ 4.8) 5.4

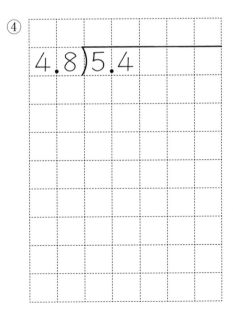

小数のわり算⑫

商は、小数第2位（$\frac{1}{100}$の位）を四捨五入しましょう。

0〜4は切りすて、5〜9は切り上げ。

① 0.7〉1.6

② 1.2〉3.4

③ 1.7〉7.3

④ 3.3〉4.1

小数のわり算⑬

25

月　　日

点／4点

商は、小数第2位（$\frac{1}{100}$の位）を四捨五入しましょう。

① 2.1)3.9

② 2.1)4.5

③ 3.5)7.6

④ 0.9)6.4

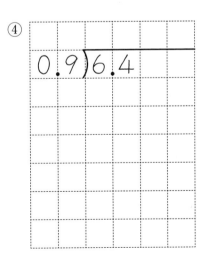

26 円と円周①

月　　　日

点/4点

<ruby>円周率<rt>えんしゅうりつ</rt></ruby>はふつう3.14を使います。

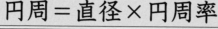

円周＝直径×円周率

円周の長さを求めましょう。

① 直径8センチメートルの円

式

答え _____

② 直径10センチメートルの円

式

答え _____

③ 直径20センチメートルの円

式

答え _____

④ 直径30センチメートルの円

式

答え _____

おうちの方へ 計算のとき、円周率は、ふつう3.14を使います。計算の前に円周率3を使って、およその数を求めておくと、まちがいが少なくなります。

円と円周②

円周率はふつう3.14を使います。

円周＝直径×円周率

円周の長さを求めましょう。

① 半径5センチメートルの円

式

答え _____

② 半径10センチメートルの円

式

答え _____

単位に注意。

③ 半径30メートルの円

式

答え _____

④ 半径50メートルの円

式

答え _____

円と円周③

円周率はふつう3.14を使います。

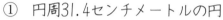

直径＝円周÷円周率

円の直径の長さを求めましょう。

① 円周31.4センチメートルの円

式

答え _____

② 円周15.7センチメートルの円

式

答え _____

③ 円周47.1メートルの円

式

答え _____

④ 円周78.5メートルの円

式

答え _____

円と円周④

月　　　日

点/4点

円周率はふつう3.14を使います。

$$\boxed{\text{直径＝円周÷円周率}}$$

円の半径の長さを求めましょう。

① 円周94.2センチメートルの円

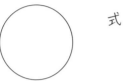　　式

答え _____

② 円周157センチメートルの円

式

答え _____

③ 円周282.6メートルの円

式

答え _____

④ 円周314メートルの円

式

答え _____

30 式と計算①

月　　日

点/10点

◎たし算のきまり◎

(1)　たされる数とたす数を入れかえても、答えは同じ。

　　　$\triangle + \bigcirc = \bigcirc + \triangle$

(2)　3口のたし算のとき、たす順をかえても、答えは同じ。

　　　$(\triangle + \bigcirc) + \blacksquare = \triangle + (\bigcirc + \blacksquare)$

① $3 + 8 =$

　　$8 + 3 =$

② $2.3 + 4.5 =$

　　$4.5 + 2.3 =$

③ $33 + 7 + 56 =$

　　　$\downarrow$
　　　40

④ $29 + 62 + 21 =$

　　　　$\downarrow$
　　　　50

⑤ $29 + 77 + 23 =$

　　　　$\downarrow$
　　　　100

⑥ $6.2 + 4.8 + 9.7 =$

⑦ $3.2 + 5.4 + 6.8 =$

⑧ $1.2 + 3.7 + 0.3 =$

⑨ $6.9 + 3.1 + 5.8 =$

⑩ $5.6 + 8.2 + 4.4 =$

おうちの方へ　上の(1)、(2)を計算しながら確かめるといいでしょう。

式と計算②

月　　日

点/10点

$$298 + 158 = 458 - 2$$

$$300 - 2 \quad = 456$$

$$458$$

① $99 + 567 =$
　　 $\downarrow$
　 $100 - 1$

② $695 + 555 =$
　　 $\downarrow$
　 $700 - 5$

③ $997 + 697 =$
　　 $\downarrow$
　 $1000 - 3$

④ $9.8 + 7.5 =$
　 $\downarrow$
　 $10 - 0.2$

⑤ $6.8 + 9.7 =$
　　 $\downarrow$
　 $10 - 0.3$

⑥ $99.5 + 23.8 =$
　　 $\downarrow$
　 $100 - 0.5$

⑦ $6.89 + 9.92 =$

⑧ $21.78 + 29.98 =$

⑨ $37.56 + 59.9 =$

⑩ $6.39 + 7.92 =$

式と計算③

◎かけ算のきまり◎

(1)　かけられる数とかける数を入れかえても、答えは同じ。

$$△×○=○×△$$

(2)　3口のかけ算のとき、
かける順をかえても、答えは同じ。

$$(△×○)×■=△×(○×■)$$

① $2×5×7=$
　　10

② $4×7×5=$
　　20

③ $9×0.8×5=$
　　4

④ $4×8×25=$
　　100

⑤ $13×2.5×4=$
　　10

⑥ $18×25×8=$
　　200

⑦ $8×35×25=$
　　200

⑧ $25×12×62=$
　　300

⑨ $2.5×85×12=$
　　30

⑩ $4×9.9×25=$
　　100

33 式と計算④

月　　日

点/8点

◎計算のきまり◎

$(△+○) × ■ = △ × ■ + ○ × ■$

① $12×5 = 10×5+2×5$
$(10+2)$　　　=

⑤ $6.8×5 =$
$(6+0.8)$

② $3.2×4 =$
$(3+0.2)$

⑥ $1.03×22 =$

③ $10.5×7 =$
$(10+0.5)$

⑦ $2.04×25 =$

④ $5.4×5 =$
$(5+0.4)$

⑧ $10.3×21 =$

式と計算⑤

◎計算のきまり◎

$(\triangle - \bigcirc) \times \blacksquare = \triangle \times \blacksquare - \bigcirc \times \blacksquare$

① $\underset{(20-2)}{18} \times 7 = 20 \times 7 - 2 \times 7$
$=$

④ $\underset{(7-0.5)}{6.5} \times 8 =$

② $\underset{(100-1)}{99} \times 6 =$

⑤ $\underset{(10-0.04)}{9.96} \times 3 =$

③ $\underset{(10-0.3)}{9.7} \times 9 =$

⑥ $99.8 \times 25 =$

35 式と計算⑥

$$25 \times 4 = 100 \qquad 125 \times 8 = 1000$$
$$2.5 \times 4 = 10 \qquad 12.5 \times 8 = 100$$
$$0.25 \times 4 = 1 \qquad 1.25 \times 8 = 10$$

① $25 \times 32 = 100 \times 8$
$\underset{4 \times 8}{\downarrow}$
$ =$
$\underset{100}{\downarrow}$

② $2.5 \times 12 =$
$\underset{4 \times 3}{\downarrow}$

③ $0.25 \times 24 =$
$\underset{4 \times 6}{\downarrow}$

④ $2.5 \times 36 =$

⑤ $125 \times 16 =$
$\underset{8 \times 2}{\downarrow}$

⑥ $12.5 \times 24 =$
$\underset{8 \times 3}{\downarrow}$

⑦ $1.25 \times 48 =$
$\underset{8 \times 6}{\downarrow}$

⑧ $12.5 \times 72 =$

倍数と約数①

〔2つの数をかける型〕

1) 2 と 3
　　 2 　 3
1 × 2 × 3 ＝ 6 →

2つの数に共通な倍数を公倍数といいます。

1. 2つの数をわり切れる整数は1。
　　2 ÷ 1 ＝ 2、3 ÷ 1 ＝ 3
2. 1 × 2 × 3 ＝ 6
　　6が最小公倍数

次の数の最小公倍数を求めましょう。

① 　4と5→（　　　　）　　⑥ 　2と5→（　　　　）

② 　5と6→（　　　　）　　⑦ 　7と3→（　　　　）

③ 　6と7→（　　　　）　　⑧ 　8と5→（　　　　）

④ 　3と5→（　　　　）　　⑨ 　9と4→（　　　　）

⑤ 　4と7→（　　　　）　　⑩ 　6と5→（　　　　）

おうちの方へ

上のような最小公倍数の求め方は教科書にはのっていませんが、5年生ではすぐに理解できます。

倍数と約数②

月　日

点/10点

〔一方の数になる型〕

$3 \overline{)\,3 \text{ と } 6}$
　　1　2
$3 \times 1 \times 2 = 6$

1. 2つの数をわり切れる整数は3。
2. $3 \times 1 \times 2 = 6$
   または6は3の2倍
   最小公倍数は6

次の数の最小公倍数を求めましょう。

① 2と4→（　　　）　　⑥ 12と6→（　　　）

② 4と8→（　　　）　　⑦ 6と2→（　　　）

③ 5と10→（　　　）　　⑧ 16と8→（　　　）

④ 7と14→（　　　）　　⑨ 27と9→（　　　）

⑤ 9と3→（　　　）　　⑩ 8と40→（　　　）

倍数と約数③

〔そのほかの型〕

```
  2)4 と 6
     2   3
  2 × 2 × 3 = 12
```

1. 2つの数をわり切れる整数は2。
   2，3，5，7…と順に考えます。
2. 2 × 2 × 3 ＝ 12
   最小公倍数は12

次の数の最小公倍数を求めましょう。

① 　6と8→（　　　　）　　⑥ 　15と20→（　　　　）

② 　4と10→（　　　　）　　⑦ 　21と28→（　　　　）

③ 　6と9→（　　　　）　　⑧ 　14と21→（　　　　）

④ 　12と9→（　　　　）　　⑨ 　18と27→（　　　　）

⑤ 　10と15→（　　　　）　　⑩ 　45と36→（　　　　）

倍数と約数④

今までのまとめです。

次の数の最小公倍数を求めましょう。

① 　7と2→（　　　　　）　　⑥ 　4と12→（　　　　　　）

② 　6と2→（　　　　　）　　⑦ 　10と8→（　　　　　　）

③ 　8と6→（　　　　　）　　⑧ 　10と3→（　　　　　　）

④ 　9と6→（　　　　　）　　⑨ 　9と12→（　　　　　　）

⑤ 　5と7→（　　　　　）　　⑩ 　3と15→（　　　　　　）

倍数と約数⑤

$2{\overline{)}}\,6\quad 4$
$\quad\;3\quad 2$

２つの数の共通な約数を公約数といいます。
１．２つの数をわり切れる整数は２。
　　$6 \div 2 = 3$、$4 \div 2 = 2$
　　１以外の整数でわり切れるものはありません。
２．最大公約数は２

次の数の最大公約数を求めましょう。

① 　４と６→（　　　　）　　⑥ 　６と９→（　　　　）

② 　10と12→（　　　　）　　⑦ 　12と15→（　　　　）

③ 　12と14→（　　　　）　　⑧ 　15と６→（　　　　）

④ 　８と10→（　　　　）　　⑨ 　９と15→（　　　　）

⑤ 　14と20→（　　　　）　　⑩ 　９と12→（　　　　）

おうちの方へ　「最大公約数」「最小公倍数」など算数の時間にしか使わないことばは覚えにくいと思います。くりかえし学習してしっかり覚えさせましょう。

倍数と約数⑥

41

月　　日

点/10点

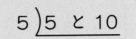

5) 5 と 10

次の数の最大公約数を求めましょう。

① 　5と10→（　　　　）　　⑥ 　7と21→（　　　　）

② 　10と15→（　　　　）　　⑦ 　21と28→（　　　　）

③ 　15と25→（　　　　）　　⑧ 　21と35→（　　　　）

④ 　10と35→（　　　　）　　⑨ 　14と21→（　　　　）

⑤ 　25と35→（　　　　）　　⑩ 　42と49→（　　　　）

42 倍数と約数⑦

月　　日

点/10点

できるようになったかな。

次の数の最大公約数を求めましょう。

① 12と16→（　　　　）　　⑥ 30と36→（　　　　）

② 20と28→（　　　　）　　⑦ 48と54→（　　　　）

③ 36と24→（　　　　）　　⑧ 72と60→（　　　　）

④ 40と12→（　　　　）　　⑨ 24と54→（　　　　）

⑤ 16と36→（　　　　）　　⑩ 66と30→（　　　　）

整数と小数・分数①

月　　　　日

点/10点

		1.	2	5	6	
	1	2.	5	6		
1	2	5.	6			

10倍 ⎱ 10倍 ⎰ 100倍

・10倍すると小数点が1けた右へ移ります。
・100倍すると小数点が2けた右へ移ります。

次の数を求めましょう。

① 3.57の10倍

→

② 3.57の100倍

→

③ 6.073の10倍

→

④ 6.073の100倍

→

⑤ 15.49の10倍

→

⑥ 15.49の100倍

→

⑦ 0.32の10倍

→

⑧ 0.32の100倍

→

⑨ 0.5の10倍

→

⑩ 0.5の100倍

→

おうちの方へ　整数・小数・分数の関係を理解するので、ちょっと複雑ですが、1ページごとに同じ種類の問題を出していますので、ていねいにさせましょう。

44 整数と小数・分数②

月　　　日

点/10点

1	2	5	.6	
	1	2	.5	6
		1	.2	5	6

$\frac{1}{10}$
$\frac{1}{10}$
$\frac{1}{100}$

・数を$\frac{1}{10}$にすると小数点が1けた左へ移ります。

・数を$\frac{1}{100}$にすると小数点が2けた左へ移ります。

次の数を求めましょう。

① 312.5の$\frac{1}{10}$

→

② 312.5の$\frac{1}{100}$

→

③ 31.6の$\frac{1}{10}$

→

④ 31.6の$\frac{1}{100}$

→

⑤ 2.4の$\frac{1}{10}$

→

⑥ 2.4の$\frac{1}{100}$

→

⑦ 35の$\frac{1}{10}$

→

⑧ 35の$\frac{1}{100}$

→

⑨ 30の$\frac{1}{10}$

→

⑩ 30の$\frac{1}{100}$

→

2mを3等分します。

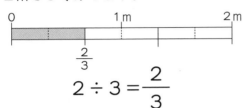

$$2 \div 3 = \frac{2}{3}$$

わり算の商は、わられる数を分子、わる数を分母とする分数で表せます。

$$\triangle \div \bullet = \frac{\triangle}{\bullet}$$

わり算の答え（商）を、分数で表しましょう。答えは仮分数（かぶんすう）のままでかまいません。

① $1 \div 6 =$

② $2 \div 5 =$

③ $5 \div 3 =$

④ $9 \div 4 =$

⑤ $3 \div 7 =$

⑥ $8 \div 9 =$

⑦ $10 \div 7 =$

⑧ $11 \div 8 =$

⑨ $13 \div 12 =$

⑩ $11 \div 15 =$

整数と小数・分数 ④

$\dfrac{2}{5} = 2 \div 5$ です。

$\dfrac{2}{5} = 0.4$ になります。

$$\begin{array}{r} 0.4 \\ 5\,\overline{)\,2.0} \\ \underline{2\ 0} \\ 0 \end{array}$$

　次の分数を小数で表しましょう。小数第3位になってもわり切れない場合は、小数第3位を四捨五入しましょう。

① $\dfrac{3}{5} =$

② $\dfrac{1}{4} =$

③ $\dfrac{5}{8} =$

④ $\dfrac{9}{10} =$

⑤ $\dfrac{20}{16} =$

⑥ $\dfrac{2}{7} =$

⑦ $\dfrac{5}{6} =$

⑧ $\dfrac{4}{9} =$

【計算】

整数と小数・分数⑤

0	0.1	0.2	0.3	0.4	0.5	0.6	0.7	0.8	0.9	1	1.1	1.2
	$\frac{1}{10}$	$\frac{2}{10}$	$\frac{3}{10}$	$\frac{4}{10}$	$\frac{5}{10}$	$\frac{6}{10}$	$\frac{7}{10}$	$\frac{8}{10}$	$\frac{9}{10}$	$\frac{10}{10}$	$\frac{11}{10}$	$\frac{12}{10}$

$$0.1 = \frac{1}{10}$$

$$0.01 = \frac{1}{100}$$

小数は10や100を分母と
する分数で表せます。

次の小数を分母が10か100の分数で表しましょう。

① 0.3＝

② 0.7＝

③ 1.2＝

④ 3.5＝

⑤ 0.04＝

⑥ 0.57＝

⑦ 1.23＝

⑧ 2.06＝

⑨ 0.99＝

⑩ 0.81＝

約分と通分①

$$\frac{3^{1}}{6_{2}} = \frac{1}{2}$$

約分＝分数の分母と分子を
同じ数でわり、小さい数の
分数にすること。

約分しましょう。

① $\dfrac{2}{4} =$

⑥ $\dfrac{14}{20} =$

② $\dfrac{2}{6} =$

⑦ $\dfrac{8}{18} =$

③ $\dfrac{6}{8} =$

⑧ $\dfrac{2}{8} =$

④ $\dfrac{12}{14} =$

⑨ $\dfrac{6}{18} =$

⑤ $\dfrac{8}{10} =$

⑩ $\dfrac{10}{12} =$

おうちの方へ　数を分数で表す場合、ふつう約分をして、できるだけ小さな数字を
使った分数にします。

約分と通分②

月　　　日

点/10点

分母と分子を同じ数で
わります。

約分しましょう。

① $\dfrac{3}{6} =$

② $\dfrac{3}{9} =$

③ $\dfrac{6}{9} =$

④ $\dfrac{3}{12} =$

⑤ $\dfrac{3}{15} =$

⑥ $\dfrac{12}{15} =$

⑦ $\dfrac{6}{15} =$

⑧ $\dfrac{9}{15} =$

⑨ $\dfrac{9}{12} =$

⑩ $\dfrac{6}{21} =$

50 約分と通分③

月　　日

点/10点

スラスラ
できるかな。

約分しましょう。

① $\dfrac{5}{15}=$

② $\dfrac{5}{10}=$

③ $\dfrac{10}{15}=$

④ $\dfrac{5}{25}=$

⑤ $\dfrac{15}{25}=$

⑥ $\dfrac{10}{35}=$

⑦ $\dfrac{25}{35}=$

⑧ $\dfrac{5}{45}=$

⑨ $\dfrac{20}{45}=$

⑩ $\dfrac{40}{45}=$

約分と通分④

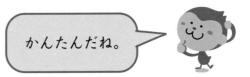

かんたんだね。

約分しましょう。

① $\dfrac{7}{21} =$

② $\dfrac{7}{35} =$

③ $\dfrac{7}{28} =$

④ $\dfrac{21}{28} =$

⑤ $\dfrac{21}{35} =$

⑥ $\dfrac{14}{21} =$

⑦ $\dfrac{7}{42} =$

⑧ $\dfrac{7}{49} =$

⑨ $\dfrac{42}{49} =$

⑩ $\dfrac{35}{56} =$

約分と通分⑤

〔たがいに分母をかける型〕$\dfrac{1}{2}$ と $\dfrac{1}{3}$

$$\dfrac{1 \times 3}{2 \times 3} = \dfrac{3}{6} \qquad \dfrac{1 \times 2}{3 \times 2} = \dfrac{2}{6}$$

通分＝分数の分母
をそろえること。

通分しましょう。

① $\dfrac{1}{4}$ と $\dfrac{1}{3}$ $\longrightarrow$

② $\dfrac{3}{4}$ と $\dfrac{4}{7}$ $\longrightarrow$

③ $\dfrac{2}{3}$ と $\dfrac{3}{5}$ $\longrightarrow$

④ $\dfrac{5}{6}$ と $\dfrac{2}{5}$ $\longrightarrow$

⑤ $\dfrac{3}{4}$ と $\dfrac{4}{5}$ $\longrightarrow$

おうちの方へ　通分は、異分母分数のたし算・ひき算をするときの基礎になります。

53 約分と通分⑥

月 日

点/5点

〔一方の分母になる型〕$\dfrac{1}{2}$ と $\dfrac{3}{4}$

$$\dfrac{1\times2}{2\times2}=\dfrac{2}{4}\qquad\dfrac{3}{4}$$

$\dfrac{1}{2}$ の分母を2倍して4にそろえます。

通分しましょう。

① $\dfrac{1}{2}$ と $\dfrac{5}{6}$ ⟶

② $\dfrac{3}{4}$ と $\dfrac{1}{8}$ ⟶

③ $\dfrac{2}{3}$ と $\dfrac{5}{9}$ ⟶

④ $\dfrac{1}{4}$ と $\dfrac{7}{12}$ ⟶

⑤ $\dfrac{9}{10}$ と $\dfrac{4}{5}$ ⟶

約分と通分⑦

〔そのほかの型〕$\dfrac{1}{6}$ と $\dfrac{1}{9}$

$\dfrac{1 \times 3}{6 \times 3} = \dfrac{3}{18}$

$\dfrac{1 \times 2}{9 \times 2} = \dfrac{2}{18}$

分母が同じに
なったね。

通分しましょう。

① $\dfrac{1}{4}$ と $\dfrac{1}{6}$ ⟶

② $\dfrac{3}{10}$ と $\dfrac{2}{15}$ ⟶

③ $\dfrac{3}{8}$ と $\dfrac{1}{6}$ ⟶

④ $\dfrac{1}{8}$ と $\dfrac{5}{12}$ ⟶

⑤ $\dfrac{2}{9}$ と $\dfrac{7}{12}$ ⟶

約分と通分⑧

いろいろな型が
まざっているよ。

通分しましょう。

① $\dfrac{4}{5}$ と $\dfrac{2}{3}$ $\longrightarrow$

② $\dfrac{3}{4}$ と $\dfrac{5}{12}$ $\longrightarrow$

③ $\dfrac{5}{8}$ と $\dfrac{7}{12}$ $\longrightarrow$

④ $\dfrac{5}{9}$ と $\dfrac{5}{12}$ $\longrightarrow$

⑤ $\dfrac{7}{15}$ と $\dfrac{7}{20}$ $\longrightarrow$

分数のたし算①

〔たがいに分母をかける型〕

$$\frac{1}{2}+\frac{1}{3}=\frac{1\times3}{2\times3}+\frac{1\times2}{3\times2}$$

$$=\frac{3}{6}+\frac{2}{6}$$

$$=\frac{5}{6}$$

まず、通分をしてから、
たし算をします。

① $\dfrac{1}{4}+\dfrac{2}{3}=$

③ $\dfrac{1}{3}+\dfrac{1}{4}=$

② $\dfrac{1}{5}+\dfrac{1}{4}=$

④ $\dfrac{2}{3}+\dfrac{2}{7}=$

おうちの方へ 前に学習した通分を使います。分数のたし算が難しいようでしたら、通分の勉強をもう一度させましょう。

分数のたし算②

月　　日

点／6点

〔たがいに分母をかける型〕

まず、
通分だね。

① $\dfrac{1}{4} + \dfrac{3}{5} =$

④ $\dfrac{1}{6} + \dfrac{1}{5} =$

② $\dfrac{3}{4} + \dfrac{1}{7} =$

⑤ $\dfrac{1}{7} + \dfrac{1}{2} =$

③ $\dfrac{2}{5} + \dfrac{1}{3} =$

⑥ $\dfrac{1}{2} + \dfrac{2}{5} =$

分数のたし算③

〔たがいに分母をかける型〕

サッと
できたかな。

① $\dfrac{2}{9}+\dfrac{1}{2}=$

④ $\dfrac{1}{8}+\dfrac{2}{3}=$

② $\dfrac{4}{5}+\dfrac{1}{6}=$

⑤ $\dfrac{3}{5}+\dfrac{1}{4}=$

③ $\dfrac{3}{7}+\dfrac{1}{3}=$

⑥ $\dfrac{3}{8}+\dfrac{1}{3}=$

分数のたし算④

〔たがいに分母をかける型〕

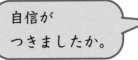

自信が
つきましたか。

① $\dfrac{1}{5}+\dfrac{2}{3}=$

④ $\dfrac{4}{9}+\dfrac{1}{4}=$

② $\dfrac{1}{3}+\dfrac{2}{7}=$

⑤ $\dfrac{1}{3}+\dfrac{3}{5}=$

③ $\dfrac{2}{7}+\dfrac{1}{4}=$

⑥ $\dfrac{1}{4}+\dfrac{2}{3}=$

分数のたし算⑤

〔一方の分母になる型〕

$$\frac{1}{2}+\frac{3}{8}=\frac{1\times4}{2\times4}+\frac{3}{8}$$

$$=\frac{4}{8}+\frac{3}{8}$$

$$=\frac{7}{8}$$

分母が何倍
になるかな。

① $\dfrac{1}{3}+\dfrac{2}{9}=$

③ $\dfrac{2}{5}+\dfrac{2}{15}=$

② $\dfrac{3}{8}+\dfrac{1}{4}=$

④ $\dfrac{1}{6}+\dfrac{9}{12}=$

分数のたし算⑥

月　　日

点/6点

〔一方の分母になる型〕

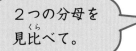 2つの分母を
見比べて。

① $\dfrac{2}{7}+\dfrac{1}{14}=$

④ $\dfrac{7}{10}+\dfrac{1}{5}=$

② $\dfrac{5}{8}+\dfrac{1}{4}=$

⑤ $\dfrac{1}{2}+\dfrac{1}{4}=$

③ $\dfrac{4}{9}+\dfrac{1}{3}=$

⑥ $\dfrac{1}{3}+\dfrac{1}{9}=$

分数のたし算⑦

〔一方の分母になる型〕

同じ分母にすぐ
できるかな。

① $\dfrac{1}{4}+\dfrac{5}{24}=$

④ $\dfrac{1}{2}+\dfrac{5}{12}=$

② $\dfrac{2}{5}+\dfrac{2}{25}=$

⑤ $\dfrac{1}{3}+\dfrac{5}{18}=$

③ $\dfrac{3}{4}+\dfrac{1}{8}=$

⑥ $\dfrac{3}{5}+\dfrac{3}{10}=$

分数のたし算⑧

〔一方の分母になる型〕

自信が
ついたね。

① $\dfrac{1}{7}+\dfrac{1}{14}=$

④ $\dfrac{2}{9}+\dfrac{1}{18}=$

② $\dfrac{2}{3}+\dfrac{1}{9}=$

⑤ $\dfrac{3}{4}+\dfrac{1}{16}=$

③ $\dfrac{2}{5}+\dfrac{3}{10}=$

⑥ $\dfrac{2}{3}+\dfrac{4}{15}=$

64

分数のたし算⑨

月　　日

点／4点

〔そのほかの型〕

$$2 \overline{)\begin{array}{c} \underset{2}{4} \quad \underset{3}{6} \end{array}} \quad \frac{1}{4} + \frac{1}{6} = \frac{1 \times 3}{4 \times 3} + \frac{1 \times 2}{6 \times 2}$$

$$= \frac{3}{12} + \frac{2}{12}$$

$$= \frac{5}{12}$$

分母は12

① $\dfrac{1}{6} + \dfrac{1}{8} =$

③ $\dfrac{1}{9} + \dfrac{1}{15} =$

$=$

$=$

② $\dfrac{1}{9} + \dfrac{1}{12} =$

④ $\dfrac{3}{10} + \dfrac{1}{4} =$

$=$

$=$

分数のたし算⑩

〔そのほかの型〕

$$2\,)\underline{8 \quad と \quad 10} \atop 4 \qquad 5$$ 分母は40

① $\dfrac{5}{8} + \dfrac{1}{10} =$

④ $\dfrac{4}{9} + \dfrac{1}{6} =$

② $\dfrac{3}{4} + \dfrac{1}{6} =$

⑤ $\dfrac{5}{12} + \dfrac{1}{8} =$

③ $\dfrac{1}{4} + \dfrac{1}{10} =$

⑥ $\dfrac{1}{4} + \dfrac{3}{14} =$

分数のたし算⑪

〔そのほかの型〕

$$\begin{array}{r} 2\,\overline{)\,6 \ \ と \ \ 8} \\ 3 \quad\quad 4 \end{array}\ 分母は24$$

① $\dfrac{5}{6}+\dfrac{1}{8}=$

④ $\dfrac{1}{4}+\dfrac{1}{18}=$

② $\dfrac{2}{9}+\dfrac{1}{12}=$

⑤ $\dfrac{7}{12}+\dfrac{1}{8}=$

③ $\dfrac{7}{9}+\dfrac{1}{6}=$

⑥ $\dfrac{4}{9}+\dfrac{1}{12}=$

67

分数のたし算⑫

月　　日

点/6点

〔そのほかの型〕

$$2\overline{)\begin{array}{cc}4 & \text{と} & 10\\ 2 & & 5\end{array}}$$ 分母は20

① $\dfrac{3}{4}+\dfrac{1}{10}=$

④ $\dfrac{7}{10}+\dfrac{1}{4}=$

② $\dfrac{1}{8}+\dfrac{1}{10}=$

⑤ $\dfrac{5}{8}+\dfrac{1}{6}=$

③ $\dfrac{1}{8}+\dfrac{1}{12}=$

⑥ $\dfrac{5}{9}+\dfrac{1}{6}=$

分数のたし算⑬

〔帯分数〕

$$1\frac{2}{3} + 1\frac{1}{2} = 1\frac{4}{6} + 1\frac{3}{6} = 2\frac{7}{6} = 3\frac{1}{6}$$

① $1\frac{1}{4} + 1\frac{2}{3} =$

④ $1\frac{3}{4} + 2\frac{1}{2} =$

② $1\frac{1}{6} + 2\frac{3}{4} =$

⑤ $3\frac{5}{9} + 1\frac{2}{3} =$

③ $1\frac{7}{9} + 3\frac{1}{6} =$

⑥ $2\frac{1}{2} + 1\frac{3}{5} =$

分数のひき算①

〔たがいに分母をかける型〕

$$\frac{2}{3} - \frac{1}{4} = \frac{2 \times 4}{3 \times 4} - \frac{1 \times 3}{4 \times 3}$$

$$= \frac{8}{12} - \frac{3}{12}$$

$$= \frac{5}{12}$$

ひき算も
まず通分。

① $\dfrac{1}{2} - \dfrac{2}{5} =$

③ $\dfrac{2}{7} - \dfrac{1}{5} =$

② $\dfrac{3}{5} - \dfrac{1}{4} =$

④ $\dfrac{2}{5} - \dfrac{1}{3} =$

おうちの方へ　たし算と同じように、まず通分してから計算します。

分数のひき算②

月　日

点/6点

〔たがいに分母をかける型〕

まず、
通分だね。

① $\dfrac{3}{4} - \dfrac{1}{3} =$

④ $\dfrac{1}{3} - \dfrac{2}{7} =$

② $\dfrac{1}{3} - \dfrac{1}{8} =$

⑤ $\dfrac{1}{4} - \dfrac{1}{9} =$

③ $\dfrac{1}{2} - \dfrac{4}{9} =$

⑥ $\dfrac{4}{5} - \dfrac{1}{2} =$

71 分数のひき算③

月　　日

点／6点

〔たがいに分母をかける型〕

サッと
できたかな。

① $\dfrac{1}{2} - \dfrac{1}{7} =$

④ $\dfrac{1}{4} - \dfrac{1}{7} =$

② $\dfrac{1}{3} - \dfrac{1}{10} =$

⑤ $\dfrac{3}{4} - \dfrac{2}{3} =$

③ $\dfrac{2}{3} - \dfrac{1}{5} =$

⑥ $\dfrac{2}{5} - \dfrac{1}{6} =$

分数のひき算④

〔たがいに分母をかける型〕

もう自信が
ついたね。

① $\dfrac{3}{5} - \dfrac{1}{7} =$

　　　　　　　=

② $\dfrac{4}{5} - \dfrac{3}{8} =$

　　　　　　　=

③ $\dfrac{3}{7} - \dfrac{1}{3} =$

　　　　　　　=

④ $\dfrac{3}{8} - \dfrac{1}{3} =$

　　　　　　　=

⑤ $\dfrac{2}{9} - \dfrac{1}{5} =$

　　　　　　　=

⑥ $\dfrac{7}{10} - \dfrac{1}{3} =$

　　　　　　　=

分数のひき算⑤

〔一方の分母になる型〕

$$\frac{1}{2} - \frac{1}{4} = \frac{1 \times 2}{2 \times 2} - \frac{1}{4}$$
$$= \frac{2}{4} - \frac{1}{4}$$
$$= \frac{1}{4}$$

分母が何倍
になるかな。

① $\dfrac{1}{2} - \dfrac{1}{8} =$

③ $\dfrac{4}{5} - \dfrac{7}{10} =$

② $\dfrac{1}{3} - \dfrac{1}{9} =$

④ $\dfrac{1}{4} - \dfrac{1}{8} =$

分数のひき算⑥

点/6点

〔一方の分母になる型〕

同じ分母にす
ぐできるかな。

① $\dfrac{3}{4} - \dfrac{3}{8} =$

④ $\dfrac{4}{5} - \dfrac{3}{20} =$

② $\dfrac{1}{5} - \dfrac{1}{10} =$

⑤ $\dfrac{1}{6} - \dfrac{1}{12} =$

③ $\dfrac{2}{5} - \dfrac{4}{15} =$

⑥ $\dfrac{5}{6} - \dfrac{5}{12} =$

75 分数のひき算⑦

月　　日

点/6点

〔一方の分母になる型〕

自信が
ついたね。

① $\dfrac{1}{7} - \dfrac{1}{21} =$

④ $\dfrac{2}{9} - \dfrac{2}{27} =$

② $\dfrac{3}{7} - \dfrac{3}{14} =$

⑤ $\dfrac{5}{7} - \dfrac{4}{21} =$

③ $\dfrac{1}{8} - \dfrac{3}{32} =$

⑥ $\dfrac{3}{8} - \dfrac{3}{16} =$

76

分数のひき算⑧

〔そのほかの型〕

$$2\overline{\smash{)}\!\!\begin{array}{c}\overset{3}{\cancel{8}}\!-\!\overset{1}{\cancel{6}}\\\end{array}}\!=\!\frac{3\times 3}{8\times 3}-\frac{1\times 4}{6\times 4}$$

$$=\frac{9}{24}-\frac{4}{24}$$

$$=\frac{5}{24}$$

分母は24

① $\dfrac{5}{6}-\dfrac{1}{4}=$

③ $\dfrac{5}{6}-\dfrac{3}{8}=$

② $\dfrac{1}{9}-\dfrac{1}{15}=$

④ $\dfrac{2}{9}-\dfrac{1}{6}=$

分数のひき算⑨

月　　　日

点/6点

〔そのほかの型〕

$$2 \overline{)\,10 \text{ と } 4\,}$$
$$5 \qquad 2$$
分母は20

① $\dfrac{3}{10} - \dfrac{1}{4} =$

④ $\dfrac{1}{8} - \dfrac{1}{10} =$

② $\dfrac{5}{12} - \dfrac{1}{8} =$

⑤ $\dfrac{3}{4} - \dfrac{1}{6} =$

③ $\dfrac{7}{12} - \dfrac{2}{9} =$

⑥ $\dfrac{3}{8} - \dfrac{1}{10} =$

分数のひき算⑩

〔そのほかの型〕

2) 4 と 14
　　2　　7　 分母は28

① $\dfrac{3}{4} - \dfrac{3}{14} =$

④ $\dfrac{1}{8} - \dfrac{1}{12} =$

② $\dfrac{1}{4} - \dfrac{1}{10} =$

⑤ $\dfrac{7}{8} - \dfrac{1}{6} =$

③ $\dfrac{5}{6} - \dfrac{3}{4} =$

⑥ $\dfrac{4}{9} - \dfrac{1}{6} =$

79 分数のひき算⑪

月　　日

点/6点

〔そのほかの型〕

3) 9 と 12
　　3　　4　　分母は36

① $\dfrac{7}{9} - \dfrac{1}{12} =$

④ $\dfrac{5}{8} - \dfrac{1}{10} =$

② $\dfrac{3}{10} - \dfrac{1}{8} =$

⑤ $\dfrac{8}{9} - \dfrac{5}{12} =$

③ $\dfrac{3}{4} - \dfrac{7}{10} =$

⑥ $\dfrac{7}{10} - \dfrac{1}{4} =$

分数のひき算⑫

〔帯分数〕

$$3\frac{1}{4} - 1\frac{1}{2} = 3\frac{1}{4} - 1\frac{2}{4} = 2\frac{5}{4} - 1\frac{2}{4} = 1\frac{3}{4}$$

① $1\frac{2}{3} - \frac{1}{2} =$

④ $4\frac{1}{4} - 2\frac{5}{8} =$

② $3\frac{5}{6} - 1\frac{1}{2} =$

⑤ $3\frac{1}{6} - 2\frac{3}{4} =$

③ $2\frac{1}{3} - 1\frac{2}{5} =$

⑥ $5\frac{1}{8} - 1\frac{5}{6} =$

月　日

点/6点

いろいろな計算がまざってます。
答えは仮分数のままでかまいません。

① $\dfrac{1}{2} + \dfrac{1}{7} =$

④ $\dfrac{2}{3} - \dfrac{3}{7} =$

② $\dfrac{1}{3} + \dfrac{5}{6} =$

⑤ $\dfrac{3}{4} + \dfrac{1}{10} =$

③ $\dfrac{1}{2} - \dfrac{1}{3} =$

⑥ $\dfrac{1}{4} - \dfrac{1}{10} =$

おうちの方へ　今まで勉強してきた分数のたし算とひき算を１ページの中に出題しました。たし算・ひき算の切りかえが、うまくできることが大切です。

分数のたし算・ひき算②

月　日

点/6点

分数の計算をしましょう。

① $\dfrac{2}{3} + \dfrac{1}{8} =$

④ $\dfrac{5}{8} - \dfrac{1}{2} =$

② $\dfrac{3}{4} - \dfrac{2}{5} =$

⑤ $\dfrac{1}{5} + \dfrac{1}{15} =$

③ $\dfrac{5}{6} + \dfrac{1}{8} =$

⑥ $\dfrac{8}{9} - \dfrac{1}{6} =$

分数のたし算・ひき算③

分数の計算をしましょう。
答えが約分できるときは約分します。

① $\dfrac{1}{2} - \dfrac{1}{6} =$

③ $\dfrac{1}{2} + \dfrac{1}{6} =$

② $\dfrac{3}{4} - \dfrac{1}{12} =$

④ $\dfrac{5}{6} + \dfrac{1}{10} =$

分数のたし算・ひき算④

分数の計算をしましょう。
答えが約分できるときは約分します。

① $\dfrac{1}{3} + \dfrac{1}{15} =$

③ $\dfrac{1}{6} + \dfrac{1}{14} =$

② $\dfrac{5}{6} - \dfrac{3}{10} =$

④ $\dfrac{7}{10} - \dfrac{1}{6} =$

分数のたし算・ひき算⑤

分数の計算をしましょう。
答えが約分できるときは約分します。

① $\dfrac{3}{14} - \dfrac{1}{6} =$

③ $\dfrac{1}{6} + \dfrac{5}{14} =$

② $\dfrac{1}{4} + \dfrac{1}{20} =$

④ $\dfrac{4}{15} - \dfrac{1}{6} =$

分数の計算をしましょう。
答えが約分できるときは約分します。

① $\dfrac{1}{5} + \dfrac{2}{15} =$

③ $\dfrac{5}{6} + \dfrac{1}{18} =$

② $\dfrac{2}{3} - \dfrac{5}{12} =$

④ $\dfrac{1}{4} - \dfrac{1}{12} =$

立体の体積①

直方体の体積＝たて×横×高さ

次の直方体の体積を求めましょう。

① 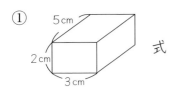　式

答え _____

② 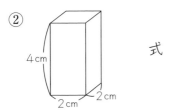　式

答え _____

③　たて３m、横２m、高さ４mの直方体の体積

式

答え _____

④　たて２m、横２m、高さ2.5mの直方体の体積

式

答え _____

立体の体積②

月　　日

点/4点

立方体の体積＝１辺×１辺×１辺

次の立方体の体積を求めましょう。

①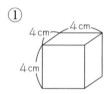

式

答え _____

②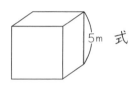

5m　式

答え _____

③　１辺が３m立方体の体積

式

答え _____

④　１m³は何cm³ですか

式

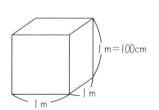

答え _____

1　① 14.4　② 23.5　③ 44.1
　④ 16.8　⑤ 24.6　⑥ 13.5
　⑦ 43.2　⑧ 13.8　⑨ 34.2

2　① 7.59　② 5.04　③ 5.04
　④ 7.48　⑤ 3.08　⑥ 4.08
　⑦ 7.74　⑧ 7.65　⑨ 6.65

3　① 37.13　② 12.73　③ 65.28
　④ 23.52　⑤ 61.41　⑥ 37.92
　⑦ 12.48　⑧ 32.64

4　① 31.92　② 77.22　③ 50.35
　④ 92.12　⑤ 30.24　⑥ 26.46
　⑦ 21.12　⑧ 41.04

5　① 61.62　② 33.82　③ 13.09
　④ 76.44　⑤ 15.52　⑥ 13.23
　⑦ 14.82　⑧ 24.12

6　① 40.5　② 15.5
　③ 34.2　④ 26.4　⑤ 49.4
　⑥ 55.5　⑦ 59.8　⑧ 55.1

7　① 21　② 36
　③ 11　④ 18　⑤ 27
　⑥ 17　⑦ 12　⑧ 23

8　① 4.914　② 7.176
　③ 8.368　④ 7.844
　⑤ 25.675

9　① 0.48　② 0.81　③ 0.21
　④ 0.06　⑤ 0.08　⑥ 0.09
　⑦ 0.3　⑧ 0.2　⑨ 0.4

10　① 0.4186　② 0.3942
　③ 0.3698　④ 0.156
　⑤ 0.22

11　① 0.1647　② 0.095
　③ 62.744　④ 46.07
　⑤ 6.7896

12　① 0.0945　② 0.5481
　③ 16.807　④ 72.352
　⑤ 3.4262

13　① 4　② 3　③ 3
　④ 3　⑤ 3　⑥ 2
　⑦ 2　⑧ 2

14　① 9
　② 6　③ 8
　④ 9　⑤ 4
　⑥ 6　⑦ 7

15	①	0.7		
	②	0.9	③	0.6
	④	0.6	⑤	0.3
	⑥	0.8	⑦	0.8

16	①	1.6		
	②	1.3	③	1.2
	④	1.2	⑤	1.3

17	①	4.1		
	②	2.1	③	2.4
	④	2.1	⑤	1.6

18	①	0.08	②	0.08
	③	0.08	④	0.05
	⑤	0.05	⑥	0.05
	⑦	0.08		

19	①	0.65	②	0.54
	③	0.65	④	0.65

20	①	5 … 0.3	②	3 … 0.2
	③	6 … 0.3	④	4 … 0.1
	⑤	6 … 0.3	⑥	9 … 0.6

21	①	7 … 0.2	②	6 … 0.4
	③	6 … 0.2	④	8 … 0.2
	⑤	1 … 1.1	⑥	2 … 0.6
	⑦	24 … 0.5	⑧	57 … 0.2

22	①	0.75	②	0.92
	③	0.75	④	0.75
	⑤	0.75		

23	①	1.75	②	1.25
	③	1.25	④	1.125

24	①	2.3	②	2.8
	③	4.3	④	1.2

25	①	1.9	②	2.1
	③	2.2	④	7.1

26	①	25.12cm
	②	31.4cm
	③	62.8cm
	④	94.2cm

27	①	31.4cm
	②	62.8cm
	③	188.4m
	④	314m

28	①	10cm
	②	5 cm
	③	15m
	④	25m

29	①	15cm
	②	25cm
	③	45m
	④	50m

30	①	11, 11	⑥	20.7
	②	6.8, 6.8	⑦	15.4
	③	96	⑧	5.2
	④	112	⑨	15.8
	⑤	129	⑩	18.2

31	①	666	⑥	123.3
	②	1250	⑦	16.81
	③	1694	⑧	51.76
	④	17.3	⑨	97.46
	⑤	16.5	⑩	14.31

32	①	70	⑥	3600
	②	140	⑦	7000
	③	36	⑧	18600
	④	800	⑨	2550
	⑤	130	⑩	990

33	①	60	⑤	34
	②	12.8	⑥	22.66
	③	73.5	⑦	51
	④	27	⑧	216.3

34	①	126	④	52
	②	594	⑤	29.88
	③	87.3	⑥	2495

35	①	800	⑤	2000
	②	30	⑥	300
	③	6	⑦	60
	④	90	⑧	900

36	①	20	⑥	10
	②	30	⑦	21
	③	42	⑧	40
	④	15	⑨	36
	⑤	28	⑩	30

37	①	4	⑥	12
	②	8	⑦	6
	③	10	⑧	16
	④	14	⑨	27
	⑤	9	⑩	40

38	①	24	⑥	60
	②	20	⑦	84
	③	18	⑧	42
	④	36	⑨	54
	⑤	30	⑩	180

39	①	14	⑥	12
	②	6	⑦	40
	③	24	⑧	30
	④	18	⑨	36
	⑤	35	⑩	15

40	①	2	⑥	3
	②	2	⑦	3
	③	2	⑧	3
	④	2	⑨	3
	⑤	2	⑩	3

41	①	5	⑥	7
	②	5	⑦	7
	③	5	⑧	7
	④	5	⑨	7
	⑤	5	⑩	7

42	①	4	⑥	6
	②	4	⑦	6
	③	12	⑧	12
	④	4	⑨	6
	⑤	4	⑩	6

43	①	35.7	⑥	1549
	②	357	⑦	3.2
	③	60.73	⑧	32
	④	607.3	⑨	5
	⑤	154.9	⑩	50

44	①	31.25	⑥	0.024
	②	3.125	⑦	3.5
	③	3.16	⑧	0.35
	④	0.316	⑨	3
	⑤	0.24	⑩	0.3

45
① $\dfrac{1}{6}$　⑥ $\dfrac{8}{9}$
② $\dfrac{2}{5}$　⑦ $\dfrac{10}{7}$
③ $\dfrac{5}{3}$　⑧ $\dfrac{11}{8}$
④ $\dfrac{9}{4}$　⑨ $\dfrac{13}{12}$
⑤ $\dfrac{3}{7}$　⑩ $\dfrac{11}{15}$

46	①	0.6	⑤	1.25
	②	0.25	⑥	0.29
	③	0.625	⑦	0.83
	④	0.9	⑧	0.44

47
① $\dfrac{3}{10}$　⑥ $\dfrac{57}{100}$
② $\dfrac{7}{10}$　⑦ $\dfrac{123}{100}$
③ $\dfrac{12}{10}$　⑧ $\dfrac{206}{100}$
④ $\dfrac{35}{10}$　⑨ $\dfrac{99}{100}$
⑤ $\dfrac{4}{100}$　⑩ $\dfrac{81}{100}$

48
① $\dfrac{1}{2}$　⑥ $\dfrac{7}{10}$
② $\dfrac{1}{3}$　⑦ $\dfrac{4}{9}$
③ $\dfrac{3}{4}$　⑧ $\dfrac{1}{4}$
④ $\dfrac{6}{7}$　⑨ $\dfrac{1}{3}$
⑤ $\dfrac{4}{5}$　⑩ $\dfrac{5}{6}$

49
① $\dfrac{1}{2}$　⑥ $\dfrac{4}{5}$
② $\dfrac{1}{3}$　⑦ $\dfrac{2}{5}$
③ $\dfrac{2}{3}$　⑧ $\dfrac{3}{5}$
④ $\dfrac{1}{4}$　⑨ $\dfrac{3}{4}$
⑤ $\dfrac{1}{5}$　⑩ $\dfrac{2}{7}$

50
① $\dfrac{1}{3}$　⑥ $\dfrac{2}{7}$
② $\dfrac{1}{2}$　⑦ $\dfrac{5}{7}$
③ $\dfrac{2}{3}$　⑧ $\dfrac{1}{9}$
④ $\dfrac{1}{5}$　⑨ $\dfrac{4}{9}$
⑤ $\dfrac{3}{5}$　⑩ $\dfrac{8}{9}$

答　え

$\boxed{51}$ ① $\dfrac{1}{3}$ ⑥ $\dfrac{2}{3}$

② $\dfrac{1}{5}$ ⑦ $\dfrac{1}{6}$

③ $\dfrac{1}{4}$ ⑧ $\dfrac{1}{7}$

④ $\dfrac{3}{4}$ ⑨ $\dfrac{6}{7}$

⑤ $\dfrac{3}{5}$ ⑩ $\dfrac{5}{8}$

$\boxed{52}$ ① $\dfrac{3}{12}$と$\dfrac{4}{12}$

② $\dfrac{21}{28}$と$\dfrac{16}{28}$

③ $\dfrac{10}{15}$と$\dfrac{9}{15}$

④ $\dfrac{25}{30}$と$\dfrac{12}{30}$

⑤ $\dfrac{15}{20}$と$\dfrac{16}{20}$

$\boxed{53}$ ① $\dfrac{3}{6}$と$\dfrac{5}{6}$

② $\dfrac{6}{8}$と$\dfrac{1}{8}$

③ $\dfrac{6}{9}$と$\dfrac{5}{9}$

④ $\dfrac{3}{12}$と$\dfrac{7}{12}$

⑤ $\dfrac{9}{10}$と$\dfrac{8}{10}$

$\boxed{54}$ ① $\dfrac{3}{12}$と$\dfrac{2}{12}$

② $\dfrac{9}{30}$と$\dfrac{4}{30}$

③ $\dfrac{9}{24}$と$\dfrac{4}{24}$

④ $\dfrac{3}{24}$と$\dfrac{10}{24}$

⑤ $\dfrac{8}{36}$と$\dfrac{21}{36}$

$\boxed{55}$ ① $\dfrac{12}{15}$と$\dfrac{10}{15}$

② $\dfrac{9}{12}$と$\dfrac{5}{12}$

③ $\dfrac{15}{24}$と$\dfrac{14}{24}$

④ $\dfrac{20}{36}$と$\dfrac{15}{36}$

⑤ $\dfrac{28}{60}$と$\dfrac{21}{60}$

$\boxed{56}$ ① $\dfrac{11}{12}$ ③ $\dfrac{7}{12}$

② $\dfrac{9}{20}$ ④ $\dfrac{20}{21}$

$\boxed{57}$ ① $\dfrac{17}{20}$ ④ $\dfrac{11}{30}$

② $\dfrac{25}{28}$ ⑤ $\dfrac{9}{14}$

③ $\dfrac{11}{15}$ ⑥ $\dfrac{9}{10}$

58 ① $\dfrac{13}{18}$ ④ $\dfrac{19}{24}$

② $\dfrac{29}{30}$ ⑤ $\dfrac{17}{20}$

③ $\dfrac{16}{21}$ ⑥ $\dfrac{17}{24}$

59 ① $\dfrac{13}{15}$ ④ $\dfrac{25}{36}$

② $\dfrac{13}{21}$ ⑤ $\dfrac{14}{15}$

③ $\dfrac{15}{28}$ ⑥ $\dfrac{11}{12}$

60 ① $\dfrac{5}{9}$ ③ $\dfrac{8}{15}$

② $\dfrac{5}{8}$ ④ $\dfrac{11}{12}$

61 ① $\dfrac{5}{14}$ ④ $\dfrac{9}{10}$

② $\dfrac{7}{8}$ ⑤ $\dfrac{3}{4}$

③ $\dfrac{7}{9}$ ⑥ $\dfrac{4}{9}$

62 ① $\dfrac{11}{24}$ ④ $\dfrac{11}{12}$

② $\dfrac{12}{25}$ ⑤ $\dfrac{11}{18}$

③ $\dfrac{7}{8}$ ⑥ $\dfrac{9}{10}$

63 ① $\dfrac{3}{14}$ ④ $\dfrac{5}{18}$

② $\dfrac{7}{9}$ ⑤ $\dfrac{13}{16}$

③ $\dfrac{7}{10}$ ⑥ $\dfrac{14}{15}$

64 ① $\dfrac{7}{24}$ ③ $\dfrac{8}{45}$

② $\dfrac{7}{36}$ ④ $\dfrac{11}{20}$

65 ① $\dfrac{29}{40}$ ④ $\dfrac{11}{18}$

② $\dfrac{11}{12}$ ⑤ $\dfrac{13}{24}$

③ $\dfrac{7}{20}$ ⑥ $\dfrac{13}{28}$

66 ① $\dfrac{23}{24}$ ④ $\dfrac{11}{36}$

② $\dfrac{11}{36}$ ⑤ $\dfrac{17}{24}$

③ $\dfrac{17}{18}$ ⑥ $\dfrac{19}{36}$

67 ① $\dfrac{17}{20}$ ④ $\dfrac{19}{20}$

② $\dfrac{9}{40}$ ⑤ $\dfrac{19}{24}$

③ $\dfrac{5}{24}$ ⑥ $\dfrac{13}{18}$

68　① $2\frac{11}{12}$　④ $4\frac{1}{4}$

　　② $3\frac{11}{12}$　⑤ $5\frac{2}{9}$

　　③ $4\frac{17}{18}$　⑥ $4\frac{1}{10}$

69　① $\frac{1}{10}$　③ $\frac{3}{35}$

　　② $\frac{7}{20}$　④ $\frac{1}{15}$

70　① $\frac{5}{12}$　④ $\frac{1}{21}$

　　② $\frac{5}{24}$　⑤ $\frac{5}{36}$

　　③ $\frac{1}{18}$　⑥ $\frac{3}{10}$

71　① $\frac{5}{14}$　④ $\frac{3}{28}$

　　② $\frac{7}{30}$　⑤ $\frac{1}{12}$

　　③ $\frac{7}{15}$　⑥ $\frac{7}{30}$

72　① $\frac{16}{35}$　④ $\frac{1}{24}$

　　② $\frac{17}{40}$　⑤ $\frac{1}{45}$

　　③ $\frac{2}{21}$　⑥ $\frac{11}{30}$

73　① $\frac{3}{8}$　③ $\frac{1}{10}$

　　② $\frac{2}{9}$　④ $\frac{1}{8}$

74　① $\frac{3}{8}$　④ $\frac{13}{20}$

　　② $\frac{1}{10}$　⑤ $\frac{1}{12}$

　　③ $\frac{2}{15}$　⑥ $\frac{5}{12}$

75　① $\frac{2}{21}$　④ $\frac{4}{27}$

　　② $\frac{3}{14}$　⑤ $\frac{11}{21}$

　　③ $\frac{1}{32}$　⑥ $\frac{3}{16}$

76　① $\frac{7}{12}$　③ $\frac{11}{24}$

　　② $\frac{2}{45}$　④ $\frac{1}{18}$

77　① $\frac{1}{20}$　④ $\frac{1}{40}$

　　② $\frac{7}{24}$　⑤ $\frac{7}{12}$

　　③ $\frac{13}{36}$　⑥ $\frac{11}{40}$

78　① $\frac{15}{28}$　④ $\frac{1}{24}$

　　② $\frac{3}{20}$　⑤ $\frac{17}{24}$

　　③ $\frac{1}{12}$　⑥ $\frac{5}{18}$

79	① $\dfrac{25}{36}$	④ $\dfrac{21}{40}$
	② $\dfrac{7}{40}$	⑤ $\dfrac{17}{36}$
	③ $\dfrac{1}{20}$	⑥ $\dfrac{9}{20}$

80	① $1\dfrac{1}{6}$	④ $1\dfrac{5}{8}$
	② $2\dfrac{1}{3}$	⑤ $\dfrac{5}{12}$
	③ $\dfrac{14}{15}$	⑥ $3\dfrac{7}{24}$

81	① $\dfrac{9}{14}$	④ $\dfrac{5}{21}$
	② $\dfrac{7}{6}$	⑤ $\dfrac{17}{20}$
	③ $\dfrac{1}{6}$	⑥ $\dfrac{3}{20}$

82	① $\dfrac{19}{24}$	④ $\dfrac{1}{8}$
	② $\dfrac{7}{20}$	⑤ $\dfrac{4}{15}$
	③ $\dfrac{23}{24}$	⑥ $\dfrac{13}{18}$

83	① $\dfrac{1}{3}$	③ $\dfrac{2}{3}$
	② $\dfrac{2}{3}$	④ $\dfrac{14}{15}$

84	① $\dfrac{2}{5}$	③ $\dfrac{5}{21}$
	② $\dfrac{8}{15}$	④ $\dfrac{8}{15}$

85	① $\dfrac{1}{21}$	③ $\dfrac{11}{21}$
	② $\dfrac{3}{10}$	④ $\dfrac{1}{10}$

86	① $\dfrac{1}{3}$	③ $\dfrac{8}{9}$
	② $\dfrac{1}{4}$	④ $\dfrac{1}{6}$

87	① 30cm³
	② 16cm³
	③ 24m³
	④ 10m³

88	① 64cm³
	② 125m³
	③ 27m³
	④ 1000000cm³